FRANZ BRACHT KG

© 2005

Verlag Podszun-Motorbücher GmbH
Elisabethstraße 23-25, D-59929 Brilon
Herstellung Druckhaus Cramer, Greven
Internet: www.podszun-verlag.de
Email: info@podszun-verlag.de
ISBN 3-86133-379-1

Für die Richtigkeit von Informationen, Daten und Fakten wird keine Gewähr oder Haftung übernommen. Es ist nicht gestattet, Abbildungen oder Texte dieses Buches zu scannen, in PCs oder auf CDs zu speichern oder im Internet zu veröffentlichen.

Michael Schauer

FRANZ BRACHT KG

40 Jahre Heben und Transportieren

PODSZUN

Inhalt

Vorwort	5
Einleitung	6

Teleskopautokrane

Kobelco RK 70 Industriekran	9
Grove AP 308 Industriekran	10
Demag V42S Industriekran	11
Liebherr LT 1120	11
Liebherr LTM 1025	12
Liebherr LTM 1022 und Liebherr LTM 1030	14
Liebherr LTM 1030-2	15
Liebherr LTM 1040-3	16
Liebherr LTM 1045	17
Liebherr LTM 1050-1	18
Liebherr LTM 1060	18
Liebherr LTM 1060-2	19
Liebherr LTM 1070-1	21
Liebherr LTM 1070-42	23
Liebherr LTM 1080-1	23
Liebherr LTM 1090	26
Liebherr LTM 1090-1	27
Liebherr LTM 1100-2	28
Liebherr LTM 1100-2 und Liebherr LTM 1090	33
Liebherr LTM 1160-1	35
Liebherr LTM 1160-2	35
Liebherr LTM 1200	37
Liebherr LTM 1300	38
Liebherr LTM 1300-1	39
Liebherr LTM 1400	42
Demag AC 25	44
Demag AC 40-1	45
Demag AC 335 und Liebherr LTM 1100	45
Demag AC 435	46
Demag AC 500-1	47
Demag AC 535	52
Demag AC 665	55
Demag AC 1200	57
Demag AC 1300	60
Demag AC 1600	61
Demag AC 650 und Demag AC 700	67
Gottwald AMK 206-73	76
Gottwald AMK 600-93	79
Krupp 35 GMT-AT	82
Krupp 5100 KMK	82
Krupp 350 GMT	82
Krupp KMK 8400	83
Grove GMK 6220-L	85

Gittermastautokrane

Demag TC 400	86
Demag TC 500	88
Demag TC 3600	89
Gottwald AK 85-53	95
Gottwald AK 210-73	97
Gottwald AK 270-98	100
Gottwald AK 450-83	102
Gottwald AK 850-1	117
Gottwald AK 912 GT	117

Gittermastraupenkrane

Demag CC 600	118
Demag CC 1100	119
Terex-Demag CC 1500	121
Demag CC 2600	125
Terex-Demag CC 2800-1	127
Liebherr LR 1350-1	133
Liebherr LR 1750	137
Sennebogen 5500	151

Hubgerüst

Hydraulisches Hubgerüst	153

Transportfahrzeuge

Renault	156
Mercedes Benz	158
Magirus-Deutz / Iveco	161
Hanomag-Henschel	164
MAN	165
Gabelstapler Kalmar 12 t	166
Service und Wartung VW T 4	167

Mein Dank für die Unterstützung durch die Überlassung von Fotografien und Informationen geht an:

Michael Müller, Bielefeld; Wolfgang Gade, Baunatal; Peter Müller, Wuppertal; Christoph Ernst, Ense; Rainer Bublitz, Hamersen; Günter Hoffmann, Melle; Andreas Herrmann, Sachsenheim; Gerd van Acken, Fa. Liebherr, Ehingen und Gabriele Ausserwinkler, Fa. Terex/Demag, Zweibrücken.

N.S.: An alle Modellbauer und alle, die es noch werden wollen: Die Bracht-Farben sind
gelb: RAL 1007
schwarz: RAL 9005

Vorwort

40 Jahre – 1964 bis 2004

Die Firma Franz Bracht besteht seit dem Jahre 1964 als Autokran-Vermietung und beschäftigt heute rund 300 Mitarbeiter. Seit 40 Jahren präsentiert sich unser Unternehmen als zuverlässiger und kompetenter Partner gegenüber Kunden aus dem Stahlbetonbau, aus dem Bereich Hoch- und Tiefbau, Montagebau, Großindustrie, Petrochemie, Windenergie sowie vielen anderen Branchen.

Qualität und Sicherheit stehen dabei immer im Mittelpunkt unseres Handelns. Dort wo schwere Komponenten sicher und präzise bewegt werden sollen, verlassen sich Konstrukteure und Projektingenieure auf die Erfahrung unserer qualifizierten Mitarbeiter. Optimale moderne Geräte in allen Leistungsklassen garantieren ein starkes Dienstleistungspaket. Hohe Stückgewichte und große Dimensionen stellen täglich die Herausforderung an unsere Mitarbeiter und unseren Maschinenpark.

Ganz besonderer Dank gilt unseren Mitarbeitern, die mit ihrem Engagement und ihrer Loyalität zur erfolgreichen Entwicklung unseres Unternehmens beigetragen haben.

Die Franz Bracht KG wird auch in Zukunft einen eigenständigen und unabhängigen Weg als Familienunternehmen gehen.

Das Firmenjubiläumsjahr 2004 ist mit einer besonderen Zäsur verbunden. Am 1. August 2004 verstarb mein Vater und Firmengründer Franz Bracht im Alter von 68 Jahren. Aus kleinsten Anfängen baute er mit meiner Mutter Edith Bracht das Unternehmen auf und hinterlässt bei seinem Tod ein beeindruckendes Lebenswerk. Seine freudige Schaffenskraft sowie Fürsorge und Verantwortung für seine Familie und für seine Mitarbeiter ließen keinen Stillstand zu. Das Unternehmen, dem sein ganzes Wirken und Schaffen galt, war sein Lebensinhalt. Er wird weiterleben, in allem, was er aufgebaut hat.

Franz Bracht mit Sohn Dirk

Erwitte, im Februar 2005
Dirk Bracht

N.S.: An dieser Stelle möchte ich mich bei Herrn Michael Schauer, dem Autor dieses Buches, für das Interesse an unserem Unternehmen sowie beim Podszun-Verlag für die Veröffentlichung des Buches bedanken.

Franz Bracht mit Ehefrau Edith Bracht

Einleitung

Angefangen hat die Firma Franz Bracht als Bergungs- und Abschleppunternehmen. Mit dem Standort Bad Westernkotten/Erwitte hatte man eine optimale Basis mitten im Verkehrsknotenpunkt der B 1 und B 55. Die B 55 kommt aus dem Bergischen Land und endet in Wiedenbrück mit der Anbindung an die A 2 Dortmund/Hannover und an die B 64 ins Münsterland. Die B 1 beginnt im Ruhrgebiet und führt durch das Weserbergland bis nach Berlin.

Die Fertigstellung der A 44 Dortmund/Kassel sowie auch der Anschlussstelle Erwitte/Anröchte Anfang der Siebzigerjahre ließ das Verkehrsaufkommen in der Region ständig wachsen. Unfälle und technische Defekte nahmen dadurch zu. Die Auftragslage war entsprechend gut und die Firma Franz Bracht ging einer gesicherten Zukunft entgegen.

Das Kranunternehmen wurde mit immer anspruchsvolleren Aufgaben betraut, so dass das Abschleppen der Fahrzeuge im Laufe der Jahre in den Hintergrund trat. In den Siebziger- und Achtzigerjahren boomte die Wirtschaft und Einsätze im Bau und in der Industrie machten kontinuierlich größere und innovativere Krantechnik nötig. Auch hier erwies sich der Standort Erwitte – unabhängig von der guten Verkehrsanbindung – als optimal. Die sich laufend entwickelnde Zementindustrie direkt vor der Haustür und die Nähe zum Ruhrgebiet ließen das Unternehmen schnell wachsen.

Niederlassungen wurden gegründet in Herford, Duisburg, Arnsberg, Hamm, seit dem 1. Oktober 2004 in Krefeld und seit dem 1. Dezember 2004 auch in Recklinghausen. Heute beschäftigt die Unternehmensgruppe ca. 300 Mitarbeiter, verfügt über 503 Fahrzeugeinheiten, davon 131 Krane aller Gewichts- und Größenordnungen. Neben der Kranvermietung und der Planung und Durchführung von Großprojekten vermietet die Unternehmensgruppe durch die Firma Hofmann Kran-Vermietung GmbH in Paderborn über 70 Hubbühnen und acht Teleskop-Geländestapler. Der Fuhrpark wird seit der Gründung ausschließlich in eigenen Werkstätten gepflegt und gewartet.

Das Betriebsgelände der Firma Franz Bracht in den Jahren 1964 bis 1969 in Bad Westernkotten, Weringhauser Straße.

Betriebsgelände Aspenstraße in Bad Westernkotten von 1969 bis 1973.

Der Stammsitz der Franz Bracht KG seit 1973 in Erwitte, Overhagener Weg 11-13, mit Fuhrpark, Kran- und Lkw-Werkstätten, Büro- und Gemeinschaftsräumen sowie Lagerhallen.

Einer der ersten Krane der Firma Bracht war ein Wilhag 20-Tonner Gittermastkran auf einem Faun-Fahrgestell KF 20.31/42-48 6x4 (Baujahr 1969). Motorisiert war der Unterwagen mit einem luftgekühlten V6-Deutz-Diesel mit 170 PS.

Aus Beständen der Bundeswehr stammt dieses Abschlepp- und Bergefahrzeug Daimler Benz LG 315/46 4x4 (Baujahr 1958) mit einem 6-Zylinder-Reihenvielstoffmotor und 145 PS. Der Kranaufbau ist ein K 5000 M von Bilstein/Ennepetal mit 5 t Hubleistung.

Vom Baujahr 1952 ist dieser Magirus-Deutz S 3500 4x2 mit 85 PS. Das Fahrzeug stammt aus Bundeswehrbeständen. Vorne ist eine Frontseilwinde angebaut. Das Fahrzeug wurde zum Schleppen eines Eder-Kranes für den Straßenverkehr eingesetzt.

Opel Blitz vom Baujahr 1957. Der 2,5-l-Benziner mit 62 PS hatte eine Nutzlast von 1,75 t. Die Hebeeinrichtung wurde schon damals in eigenen Werkstätten geplant, gebaut und montiert.

Der erste Gottwald-Autokran im Fuhrpark war der AMK 65-42 mit einer Tragfähigkeit von 35 t bei einer Auslegerlänge von 9,65 m und einer Ausladung von 3 m. Hubhöhen bis 34 m waren mit diesem Kran möglich.

Krupp 6-G mit einer maximalen Tragfähigkeit von 7 t.

Franz Bracht als vorausschauender Jungunternehmer.

Demag V42S Industriekran

Der kleine Kran (Baujahr 1980) ist restauriert und schmückt jetzt die hauseigene Historien-Sammlung. Zur Ausstattung: Der luftgekühlte 3-Zylinder-Viertakt-Diesel von KHD hat 37,5 PS. Bei einem Eigengewicht von 7 t hat der Industriekran eine Traglastfähigkeit von 5 t. Bei einer Auslegerlänge von 4,5 m mit einer Ausladung von 1,6 m kann der V42S seine Last noch verfahren (maximale Rollenhöhe: 7,5 m).

Liebherr LT 1120

Nicht mehr zum Fuhrpark der Franz Bracht KG gehört dieser Liebherr LT 1120 (Baujahr 1979). Der sechsachsige 120-Tonner wiegt 72 t und hat 430 PS im Daimler-Benz-Unterwagenmotor sowie 185 PS im DB-Kranmotor.

Liebherr LTM 1025

Dieser Mobilkran der 25-t-Klasse ist im Fuhrpark der Franz Bracht KG 16-mal vertreten und zwar an allen Standorten (Erwitte, Duisburg, Hamm, Herford, Arnsberg und seit Herbst 2004 auch Krefeld).

Oben: Der Teleskopausleger besteht aus einem Anlenkstück und drei Teleskopteilen, die hydraulisch unter Last teleskopierbar sind. Der Ausleger ist 8,4 bis 26 m lang und mit einer Einfachklappspitze um weitere 8,2 m, mit einer Doppelklappspitze um weitere 8,2 bis 14,4 m zurüstbar.

Rechts: Der zweiachsige Kran (Allradlenkung und -antrieb) wiegt 24 t inklusive 3,3 t Ballast und Doppelklappspitze.

Motorisiert ist der LTM 1025 mit einem wassergekühlten 6-Zylinder-Dieselmotor von Liebherr mit 231 PS.

Liebherr LTM 1022 und Liebherr LTM 1030

Der LTM 1022 hat einen luftgekühlten 6-Zylinder-Dieselmotor von Daimler-Benz mit 216 PS und eine Hakenhöhe am Teleskopausleger von 25 m.

Liebherr LTM 1022 (rechts) und LTM 1030 (links) auf dem Betriebsgelände der Franz Bracht KG in Erwitte. Der LTM 1030 wird angetrieben von einem 8-Zylinder-Daimler-Benz mit 256 PS. Die Hakenhöhe am Teleskopausleger beträgt auch 25 m.

Liebherr LTM 1030-2

Der Allrad-Zweiachser bei Brückenbauarbeiten in Langschede.

Liebherr LTM 1040-3

Oben: Dieser dreiachsige 40-Tonner (1. und 3. Achse angetrieben und gelenkt) wiegt 36 t inklusive 8,2 t Ballast und Klappspitze.
Der Motor für den Unter- und Oberwagen hat 296 PS.

Unten: Der Teleskopausleger besteht aus einem Anlenkstück sowie drei Teleskopteilen und ist unter Last hydraulisch teleskopierbar.
Die Auslegerlänge beträgt zwischen 9,5 und 30 m.

Liebherr
LTM 1045

Oben: Der Dreiachser (Allradantrieb, zwei Achsen gelenkt) wiegt 36 t inklusive 3,9 t Ballast. Insgesamt gehören 7,2 t Ballast zum Kran. Für die Kraft im Ober- und auch im Unterwagen sorgt ein 8-Zylinder-Diesel von Daimler-Benz mit 330 PS.

Unten: Liebherr LTM 1045 und LTM 1100 auf dem Betriebsgelände in Erwitte.

Liebherr LTM 1050-1

Der dreiachsige 50-Tonner wird sowohl im Straßen- als auch im Kranbetrieb von einem Liebherr-Dieselmotor mit sechs Zylindern und 312 PS versorgt. Der Ausleger besteht aus einem Anlenkstück und vier Teleskopteilen. Er kommt auf Längen zwischen 10,5 und 40 m.

Liebherr LTM 1060

Dieser 60-t-Mobilkran (Baujahr 1989) gehört nicht mehr zum aktuellen Fuhrpark. Der Daimler-Benz-Turbodieselmotor gibt seine Kraft direkt an alle acht Räder weiter. Die 48 t Gesamtgewicht (inkl. 8,5 t Ballast und Klappspitze) verteilen sich optimal mit je 12 t auf alle vier Achsen des 9,78 m langen Unterwagens.

Liebherr LTM 1060-2

Das 12,46 m lange Fahrgestell des Autokrans Liebherr LTM 1060-2 beherbergt einen 367 PS starken Liebherr Dieselmotor. Der Antrieb ist 8x6, alle vier Achsen sind gelenkt. Der Oberwagenantrieb erfolgt über den Fahrgestellmotor. Der im Jahr 2000 gebaute Kran ist einsetzbar mit Einfachklappspitze auf 51,5 m und mit Doppelklappspitze bis auf 59 m Auslegerlänge. Das Eigengewicht des Krans lässt es zu, dass die insgesamt 12 t Gegengewichte am Fahrzeug mitgeführt werden können und eine Beförderung des Ballastes im Anhängerbetrieb nicht notwendig ist.

Oben: LTM 1060-2 bei Verladearbeiten auf dem Betriebsgelände in Erwitte. Ladegut ist die Mastspitze des Gottwald AK 450-83.

Unten: Vor der Auslieferung zur Bracht-Filiale in Duisburg hat der LTM 1060-2 einen Fototermin auf dem Liebherr-Betriebsgelände in Ehingen.

Liebherr LTM 1070-1

Dieser 70-t-Mobilkran vom Baujahr 1994 wurde im gleichen Jahr auch in den Fuhrpark der Franz Bracht KG übernommen. Das Leistungsprofil des LTM 1070-1: Liebherr Turbodiesel-Motor D 9406 TI mit 408 PS, Ballastvarianten 6,2 bis 13 t, maximale Traglast von 70 t bei 3 m Ausladung, maximale Hubhöhe von 56 m mit Doppelklappspitze, maximale Ausladung von 46 m mit Doppelklappspitze. Der Teleskopausleger ist fünfteilig und 10,6 bis 40 m lang, das ovale Profil ist im Untergurt zehnfach gekantet für hohe Seitensteifigkeit und Stabilität.

Der einachsige Goldhofer-Ballastanhänger für den LTM 1070/1 lädt 4,7 t Ballast, Anschlagseile sowie weiteres Zubehör.

Liebherr LTM 1070-1 beim Verladen von Windradflügeln. Serienmäßig wurde der 48 t schwere Mobilkran mit einem 8x6-Antrieb geliefert. Optional gibt es den LTM 1070/1 auch mit Allradantrieb 8x8.

Liebherr LTM 1070-42

Liebherr LTM 1070/42 auf dem Betriebsgelände der Franz Bracht KG in Duisburg.

Liebherr LTM 1080-1

Links: Für diesen Hub (Lüftungsrohre) ist der LTM 1080-1 ausgerüstet mit einer zweiteiligen, 19 m langen Doppelklappspitze für 67 m Hubhöhe und 54 m Ausladung.
Rechts: Dieser universell einsetzbare 80-Tonner hebt hier einen Katamaran über mehrere Stationen vom Herstellungsort (einer Scheune) zur nächstgelegenen Hauptstraße. Die Schwimmkörper wiegen 6 t und sind 7 m breit.

Liebherr LTM 1040-1 (links) und LTM 1080-1 bei Reparaturarbeiten an einem Hafenkran der Firma Mohr.

Der kompakte Mobilkran hat bei einer Gesamtlänge von 12,57 m aufgrund der Allradlenkung einen Minimal-Wenderadius von 8,6 m. Die 48 t Gesamtgewicht – inklusive 8,5 t Ballast und Doppelklappspitze – verteilen sich auf vier Achsen, alle angetrieben und gelenkt. Ein Liebherr Turbo-Dieselmotor mit sechs Zylindern und 435 PS im Unterwagen sorgt für den Forttrieb auf der Straße und die nötige Kraft im Oberwagen.

Den anderen Teil der insgesamt 16 t Ballast des LTM 1080-1 führt der Kran auf einem zweiachsigen Goldhofer-Anhänger mit.

Liebherr LTM 1090

Oben links: Der Liebherr LTM 1090 (Unterwagenmotor: Daimler Benz, acht Zylinder, 435 PS; Oberwagenmotor: Daimler Benz, sechs Zylinder, 156 PS) ist ein Kran der 90-t-Klasse. Hier ist er beim Verladen einer Spritzgussmaschine (ca. 17 t).

Oben rechts: Bei Hubarbeiten im Kanalbau.

Unten: Der fünfachsige Mobilkran mit dem zweiachsigen Goldhofer-Ballastwagen.

Hintere Ansicht des LTM 1090.

Liebherr LTM 1090-1

Dieser Mobilkran bringt es auf eine Traglast von 90 t bei 3 m Ausladung und einer maximalen Hubhöhe von 65 m mit Doppelklappspitze. Die maximale Ausladung beträgt 52 m mit Doppelklappspitze, die Hublast liegt dann immer noch bei 1 t.
Das Eigengewicht von 48 t (inkl. 4,5 t Ballast und Klappspitze) sowie den zweiachsigen Goldhofer-Anhänger mit 14 t Ballast bewegen die 408 PS des hauseigenen Turbodieselmotors.

Liebherr
LTM 1100-2

Dieser Mobilkran der 100-t-Klasse (Baujahr 2001) hat einen 52 m langen Teleskopausleger.
Das 13,62 m lange Fahrzeug wird angetrieben von einem hauseigenen 8-Zylinder-Dieselmotor mit 544 PS. Im Kranoberwagen sorgt ein 4-Zylinder-Dieselmotor – auch Marke Liebherr – mit 202 PS für Bewegung.

Mit der Klappspitze als Zusatzausrüstung bringt es der LTM 1100-2 auf eine Hakenhöhe von 74 m.

Kranfahren ist Präzisionsarbeit. Die Kranfahrer sind sich ihrer hohen Verantwortung gegenüber den Kollegen auf der Baustelle immer bewusst.

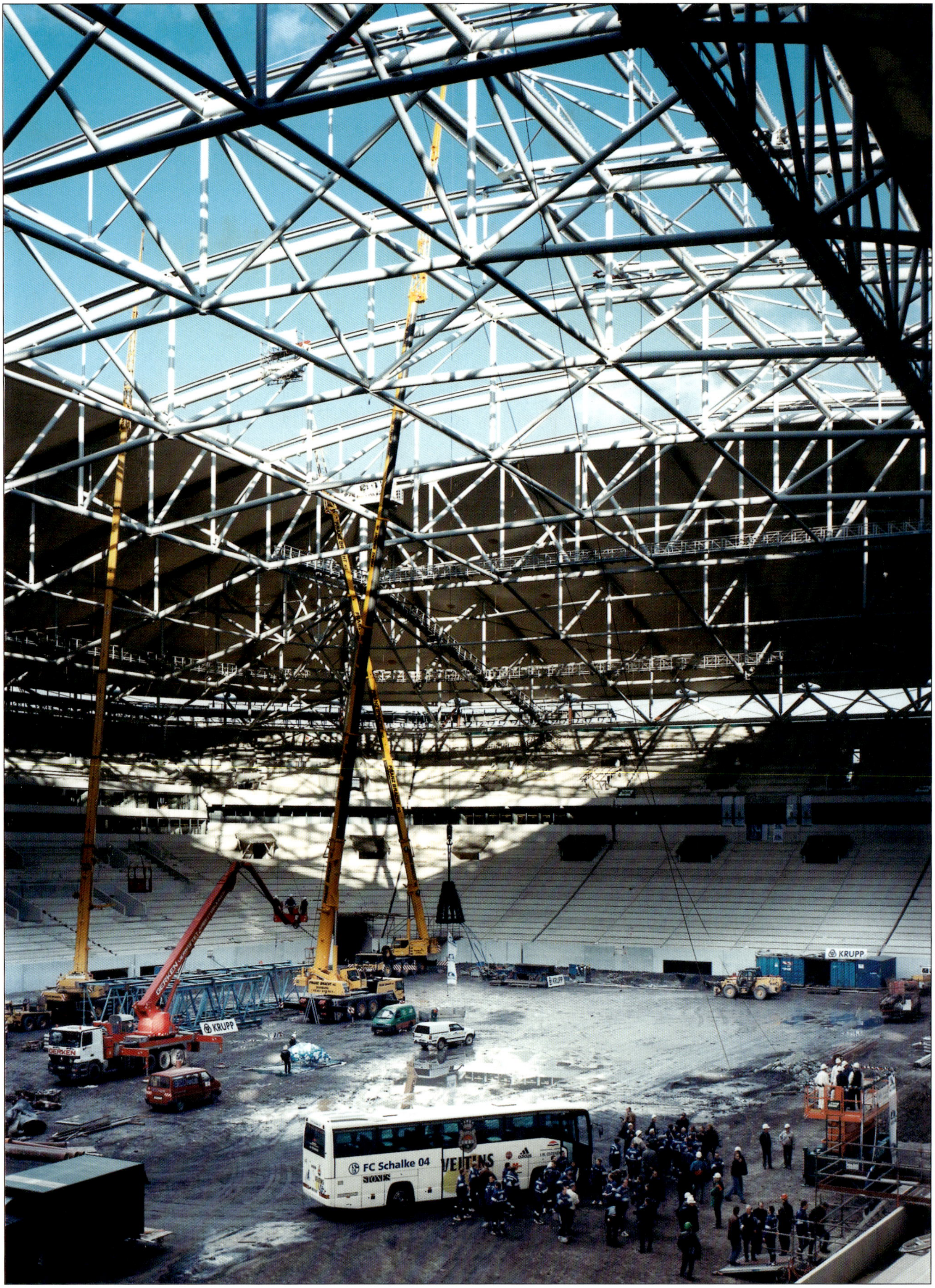
KRUPP
GERKEN
KRUPP
FC Schalke 04
VELTINS

Links: Die Franz Bracht KG war mit ihren Kranen an den Neuerrichtungen der Großstadien in Nordrhein-Westfalen beteiligt. So hatte Kranfahrer Helmut Gabriel am 1. Dezember 2000 die Ehre, mit dem LTM 1100-2 den Richtkranz auf die Dachkonstruktion der Schalke-Arena zu heben.

Rechts: Der Mobilkran in Warstein beim Einheben von 27 t schweren Regenrückhaltebecken. Kranfahrer Franz Wilmes hat die Arbeit immer im Auge.

LTM 1100-2 beim Verladen des Raupenmittelteils mit der Montageabstützung (31 t) des Raupenkrans Liebherr LR 1750.

Zur Vorbereitung des Hubes wird hier das Seil neu eingeschert.

Liebherr LTM 1100-2 und Liebherr LTM 1090

Tandemhub einer Diesellok I

Bei Rangierarbeiten auf dem Gelände eines Autoherstellers in Kassel entgleiste im Juli 2004 eine 60 t schwere Diesellok. Die havarierte Lok wurde auf einen Spezialwaggon der Deutschen Bundesbahn verladen und zur Westfälischen Landeseisenbahn (WLE) nach Lippstadt verbracht, um sie auf Schäden zu untersuchen bzw. gegebenenfalls zu reparieren. Die Entladearbeiten in Lippstadt übernahmen die Autokrane Liebherr LTM 1100-2 und LTM 1090 der Franz Bracht KG.

Tandemhub einer Diesellok I

Liebherr LTM 1160-1

Der sechsachsige Mobilkran der 160-t-Klasse auf dem Betriebsgelände in Erwitte.

Liebherr LTM 1160-2

Bei Renovierungsarbeiten in den neuen Bundesländern kam dieser Mobilkran der 160-t-Klasse zum Einsatz. Der seinerzeitige Standort war die ehemalige Filiale der Franz Bracht KG in Wolfen bei Bitterfeld. Ausgerüstet ist er mit einer 36 m langen Doppelklappspitze.

Oben: Im Unterwagen des LTM 1160-2 sitzt ein wassergekühlter 8-Zylinder-Dieselmotor von Liebherr mit 544 PS. Der vierzylindrige Kranmotor im Oberwagen ist auch von Liebherr und hat 203 PS.

Mitte: Von den fünf Achsen sind vier angetrieben und alle gelenkt.

Unten: Im straßenverfahrbaren Zustand ist das 60 t schwere Fahrzeug 15,27 m lang. Die Höchstgeschwindigkeit beträgt 70 km/h.

Liebherr
LTM 1200

Oben: Der 200-t-Kran ist 16,83 m lang und 72 t schwer. Von den sechs Achsen sind die 1. bis 3. und die 6. gelenkt, die 1., 2., 5. und 6. Achse werden von dem 530 PS starken 12-Zylinder-Daimler-Benz angetrieben.

Unten: Der Oberwagenmotor von Daimler-Benz leistet 204 PS. Der Kran ist mit Wippspitze ausgerüstet und erreicht eine Hubhöhe von bis zu 98 m.

37

Liebherr LTM 1300

Für den Fuhrpark der Filiale Wolfen war der Liebherr LTM 1300 vorgesehen. Der 300-t-Kran hat einen 14x8-Antrieb, fünf Achsen sind gelenkt. Der Motor im Fahrgestell ist ein Mercedes-Benz mit zwölf Zylindern und 530 PS, im Kranoberwagen mit sechs Zylindern und 290 PS.

Liebherr LTM 1300-1

Für die Duisburger Filiale der Fa. Bracht ist dieser Mobilkran der 300-t-Klasse unterwegs. Der wassergekühlte 8-Zylinder-Dieselmotor im Kranunterwagen ist von Liebherr und bringt eine Leistung von 598 PS. Der Motor treibt die Achsen 1, 3, 5 und 6 an, die Achsen 1 bis 3 sowie 5 und 6 sind gelenkt.

Der Oberwagenmotor des LTM 1300-1 ist ein wassergekühlter 4-Zylinder-Diesel mit 245 PS und auch Marke Liebherr. Der Kran kann ballastiert werden mit 87,5 t, bestehend aus einer Grundplatte a 12,5 t und sechs Teilen a 12,5 t. Da der Mobilkran mit einer Teleskopauslegerabspannung ausgerüstet ist, benötigt man für den Betrieb dieser Zusatzausrüstung zwei weitere Ballastteile a 12,5 t, somit einen Gesamtballast von 112,5 t.

Für den sicheren Transport des Grundballastes sowie der Winde und der Wippspitze sorgt ein MB Actross 3353 6x4 (530 PS) mit einem sechsachsigen Hochsattelauflieger von Broshuis. Der Auflieger ist ausgelegt für ein Gesamtgewicht von 82,5 t.

**Liebherr
LTM 1400**

Seit 1988 gehört der LTM 1400 zum Programm der Firma Liebherr. Von 1990 bis 1994 war der Teleskopkran für Firma Bracht in der Niederlassung in Duisburg im Einsatz. Der erfolgreiche Mobilkran der 400-t-Klasse ist 17,5 m lang bei einem Gesamtgewicht von 96 t inklusive Teleskopausleger. Der Antrieb, bestehend aus einem Daimler-Benz-Turbodiesel mit 530 PS, treibt 8 der 16 Räder an.

Der Hub dieses 80 t schweren Maschinenteils für eine Spanplattenfabrik in Rheda-Wiedenbrück findet auf engstem Raum statt. Der Kran ist dazu voll ballastiert mit 125 t. Der Motor im Oberwagen treibt mit 359 PS zwei Hubwerke und das Drehwerk an. Je nach Anforderung des Einsatzes kann der LTM 1400 mit einer festen Gitterspitze bis zu einer Höhe von 61 m oder mit einer Wippspitze bis 84 m ausgerüstet werden.

Demag AC 25

Wegen seiner flexiblen und kompakten Bauart findet man den Demag AC 25 des Öfteren in engen Innenstadtbereichen und an schwer zugänglichen Einsatzorten. Die Allradlenkung sorgt für Wendigkeit. Ein wassergekühlter 6-Zylinder-Perkins-Phaser mit 212 PS bewegt sowohl den Ober- als auch den Unterwagen (4x2x4). Inklusive integriertem Ballast wiegt das Fahrzeug 19,5 t. Der Mobilkran ist im fahrbereiten Zustand 8,33 m lang und – je nach Bereifung – 3 bis 3,2 m hoch. Mit 85 km/h Höchstgeschwindigkeit ist der AC 25 ganz schön flott unterwegs. Der Ausleger – bestehend aus Grundkasten und drei Teleskopen – kommt auf eine Hubhöhe von 25 m. Die 4-Punkt-Abstützbasis hat die Maße 5,9 x 5,95 m.

Demag AC 40-1

Auch der Demag 40-1, ein Kran der 25-t-City-Klasse, ist kompakt, schnell und wendig.

Im verfahrbaren Zustand beträgt die Länge vom Heck bis zum Rollenkopf 8,5 m, die Höhe liegt – je nach Bereifung – zwischen 3 m und 3,2 m. Ein wassergekühlter 6-Zylinder-Daimler-Benz mit 279 PS treibt sowohl den Unterwagen (6x4x6) als auch den Oberwagen an. Im Einsatz erreicht der Teleskopausleger – bestehend aus Grundkasten und vier Teleskopen – eine Rollenhöhe von 31,2 m. Der Ballast ist im Kranoberwagen integriert. Die 4-Punkt-Abstützbasis beträgt 6,35 x 6,2 m.

Demag AC 335 und Liebherr LTM 1100

Tandemhub einer Diesellok II

Des einen Leid ist des anderen Freud. Dort, wo die „gelbschwarzen Riesen" der Firma Bracht als Helfer in der Not zum Einsatz kommen, finden sich in kürzester Zeit auch immer viele Zuschauer ein. Bei diesem kleinen „Missgeschick" im Bahnhof von Erwitte entgleiste eine 120 t schwere, 15,38 m lange Diesellok. Im Tandemhub setzen die Mobilkrane Demag AC 335 und Liebherr LTM 1100 die Lok Nr. 38 auf die Gleise. Nach einer guten Stunde ist das Spektakel wieder vorbei.

Demag AC 435

Dieser Mobilkran der 160 t-Klasse hat ein Gesamtgewicht von 60 t inklusive Hauptausleger, Unterflasche und zwei Hubwerken. Angetrieben wird das 15,3 m lange Fahrzeug von einem wassergekühlten 8-Zylinder-Daimler-Benz mit 435 PS. Von den fünf Achsen sind die 1., 2., 4. und 5. angetriebene und gelenkte Planetachsen, die 3. ist eine Starrachse.

Im Kranoberwagen befindet sich ein wassergekühlter 6-Zylinder-Daimler-Benz. Seine 161 PS treiben die Hydraulik der Hub- und Drehwerke an. Der Teleskopausleger des Demag AC 435 kommt auf eine Arbeitshöhe von 50 m, verlängerbar auf 81 m mit einer starren Gittermastspitze.

Die 19 t Standardballast führt der Mobilkran auf dem Grundgerät und Anhänger Marke Hilse mit.

Demag AC 500-1

Bei Einsätzen, wie der Errichtung von Windanlagen, wird ein Mobilkran sprichwörtlich „bis an seine Grenzen" gefordert. Die Grenze der Auslegerhöhe des Demag AC 500-1 mit Wippspitze liegt bei 136,5 m. Davon entfallen 56 m auf den Teleskopausleger. Bei diesen Einsätzen werden bis zu 100 t Gegengewichte aufgelegt. Der Teleskopkran stellt hier eine Windkraftanlage Enercon E 66 auf, deren Betonturm aus 23 Elementen zwischen 18,6 und 58,8 t Gewicht besteht. Fertiggestellt hat der Betonturm eine Höhe von 97 m.

Für den sicheren Stand sorgt eine 4-Punkt-Abstützbasis von 6,6 x 9,6 m. Der Antrieb im Unterwagen ist ein wassergekühlter 8-Zylinder-Daimler-Benz mit 610 PS. Im Oberwagen treibt ein 6-Zylinder-Daimler-Benz mit 279 PS die Hubwerke an.

Oben links: Demag AC 500-1 bei der Montage des Flügelsterns einer De-Wind-D6-Anlage in einer Höhe von 67,5 m. Der Rotor hat einen Durchmesser von 64 m und wiegt 14 t.
Oben rechts und unten: Zwischen zwei Einsätzen: Demag AC 500-1 auf dem Betriebsgelände in Duisburg.

Der Begleittross des Demag AC 500-1 besteht aus MB 2650 6x4 (500 PS) mit fünfachsigem ESGE Hochsattelauflieger...

...und aus MB 3553 8x4 (530 PS) mit einem sechsachsigen ESGE-Hochsattelauflieger.

Den Transport des Rollenkopfes des Wippauslegers besorgt dieser Iveco 80 E 15 (150 PS) mit einem Einachsauflieger.

Demag AC 535

In der Hauptniederlassung der Franz Bracht KG in Erwitte ist ein Demag AC 535 in sechsachsiger Ausführung stationiert. Auf eine Fahrzeuglänge von 16,62 m im fahrbereiten Zustand kommt ein Gewicht von 72 t. Der Unterwagen-Motor ist ein wassergekühlter Daimler-Benz-Dieselmotor mit 550 PS. Der Oberwagenmotor ist ein 4-Zylinder-Dieselmotor von Daimler-Benz mit 169 PS. Der fünfteilige Ausleger ist bis auf 60 m teleskopierbar und mit einer Wippspitze bis auf 94 m verlängerbar.

Für die Zweigniederlassung in Herford ist ein Demag AC 535 mit fünf Achsen im Einsatz. Bei gleichen Fahrzeugmaßen wiegt dieser Mobilkran 60 t. Bedingt durch das Fehlen der zweiten Winde für den Wippausleger und der vierten Achse ist das Fahrzeug bedeutend leichter. Die Leistungsdaten sind sowohl für die sechsachsige als auch für die fünfachsige Ausführung des Demag AC 535 identisch.

Demag AC 535 und AC 650 mit dem dazu gehörigen Ballastfahrzeug auf dem Betriebsgelände in Erwitte.

Bei diesem Einsatz musste alles haargenau aufeinander abgestimmt sein: Mitten in der Einkaufsmeile der Paderborner Innenstadt war ein Baukran zu demontieren. Die Franz Bracht KG setzte dazu den Demag AC 535 mit Wippspitze ein.

Das zugehörige Ballastfahrzeug mit Zugmaschine MB 2648 6x4 (480 PS) und sechsachsigem Goldhofer-Hochsattel. Unten: Hochkonzentriert ist Kranfahrer Armin Jacobi bei der Arbeit.

Demag AC 665

Beheimatet war dieser mobile Teleskopkran der 250-t-Klasse in der Niederlassung der Franz Bracht KG in Duisburg. Im Unterwagen befindet sich ein wassergekühlter 8-Zylinder-Daimler-Benz-Dieselmotor, der seine 550 PS auf drei von insgesamt sechs Achsen überträgt; vier Achsen sind gelenkt.

Der AC 665 bei der Montage eines Funkturms in Gütersloh. Für die 194 PS des im Oberwagen untergebrachten 6-Zylinder-Daimler-Benz-Dieselmotors ist dieser Hub keine große Sache.

Ein Teil des insgesamt 53-t-Ballastes sowie weiteres Zubehör wird transportiert auf einem sechsachsigen Auflieger der Firma Broschuis aus den Niederlanden. Zugmaschine ist ein MB 2644 6x6 (440 PS).

Demag AC 1200

Natürlich gibt es zu jedem der in diesem Buch vorgestellten Krane große Mengen von Angaben zur Technik und Ausrüstung. Anhand des Demag 1200 sind hier einmal tabellarisch die wichtigsten technischen Daten zusammengestellt:

Unterwagen:
Antrieb: 7 Achsen, davon 3 angetrieben und 6 gelenkt
Rahmen: wie bei allen Kranen aus dem Hause Demag ist der Rahmen ein eigengefertigter Spezialträgerrahmen aus hochfestem Feinkornbaustahl
Abstützung: 4-Punkt-Abstützung, ausklappbare (vorne) bzw. ausfahrbare (hinten) Stützträger, vollhydraulisch horizontal und vertikal ausfahrbar auf eine Abstützbasis von 10,46 x 10 m, für 360 Grad Arbeitsbereich
Motor: wassergekühlter 10-Zylinder-Daimler-Benz-Dieselmotor mit 525 PS
Kabine: 3-Personen-Low-Line-Kabine

Oberwagen:
Motor: wassergekühlter 6-Zylinder-Daimler-Benz-Dieselmotor mit 205 PS
Hauptausleger: Grundkasten mit 4 Teleskopen aus Feinkornbaustahl, Länge 57,9 m
Ballast: 96 t, teilbar

Zusatzausrüstung:
Die laststeigernde Zusatzeinrichtung besteht aus der Auslegerabspannvorrichtung und einem Zusatzgegengewicht von 26 t. Die Auslegerabspannvorrichtung mit automatischem Seilausgleich beim Teleskopieren wird bei Nichtverwendung und beim Tansport auf dem Ausleger abgelegt. Die rückwärtige Abspannung besteht aus Stangen, die sich beim Ablegen automatisch in Transportposition falten.
Hauptauslegerverlängerung:
12 bis 19 m, Gitterkonstruktion, Neigung zum Hauptausleger 0 bis 20 Grad, seitlich ausklappbar
Starrer Hilfsausleger: festabgespannte Gitterspitze aus Teilen des wippbaren Hilfsauslegers von 8 bis 54 m Länge, Neigung zum Hauptausleger 0 bis 20 Grad
Wippbarer Hilfsausleger: 20 bis 78 m Wippstütze, Abspannstangen, elektrische Installation, Sicherheitseinrichtung (für den Einsatz des wippbaren Hilfsauslegers ist ein zweites Hubwerk erforderlich)
Zusatzgegengewicht: 26 t, integrierbar, die Montage erfolgt hydraulisch ohne Hilfskran
Zusatzabstützung: für Sondertraglasten mit 15 m Hauptausleger

Einbau eines 40 t schweren Gastanks. Bei diesem Einsatz ist die Auslegerabspannvorrichtung auf dem Hauptausleger abgelegt; sie wird nicht gebraucht. Im Hintergrund ein Liebherr LTM 1400 zur Hubunterstützung.

Einheben eines 70 t schweren Antriebsrings für einen Drehofen (Erwitte). Hier ist die Abspannvorrichtung gut zu sehen.
Rechts: Naturgemäß kommen bei den in der Nachbarschaft der Franz Bracht KG gelegenen Zementwerken auch Bracht'sche Teleskopkrane zum Einsatz. Hier hebt der AC 1200 ein 27 t schweres Dachelement auf ein Klinkersilo (Geseke).

Die Großkrane haben immer einen festen Tross. Beim AC 1200 gehört dieser sechsachsige Goldhofer-Hochsattelauflieger dazu. Er befördert Ballast- und Zurüstteile des Krans. Hier wird er gezogen von einem MB 26 44 6x6 (440 PS).

Mehr PS und Komfort bietet diese Zugmaschine: MB Actross 3353 6x4 (530 PS).

Demag AC 1300

Der Demag AC 1300 ist ein Kran der 400-t-Klasse. Der Teleskopausleger, bestehend aus Grundkasten und vier Teleskopen aus Feinkornbaustahl, kommt auf eine Länge von 57,9 m. Der Grundballast wiegt 96 t. Zur Ausnutzung der vollen Hublast von 400 t ist am Hauptausleger eine lastmomentsteigernde Abspannvorrichtung (Super-Lift) angebracht. Dazu kommen dann noch weitere 26 t Zusatzballast. Der Oberwagen wird angetrieben von einem wassergekühlten 6-Zylinder-Daimler-Benz-Dieselmotor mit 230 PS. Im straßenverfahrbaren Zustand ist der Kran 18,49 m lang. Für Vortrieb sorgt ein wassergekühlter 8-Zylinder-Daimler-Benz-Dieselmotor mit 550 PS. Von insgesamt 14 Räder sind sechs angetrieben und zwölf gelenkt.

Demag AC 1600

Der Demag AC 1600 der Franz Bracht KG war lange beheimatet in der Niederlassung in Duisburg. Heute gehört er – mit neuer Lackierung – zum Fuhrpark in Erwitte. Der Kran der 500-t-Klasse – mit Schwerlasteinrichtung – wiegt im verfahrbaren Zustand 108 t.

Von 18 Rädern sind acht angetrieben und 18 gelenkt.

Der Grundballast wiegt 98 t (teilbar). Beim Arbeiten mit der Superliftausrüstung ist der Ballast um bis zu 140 t aufstockbar.

Hinter der Low-Line-Kabine befindet sich der Unterwagen-Dieselmotor von Daimler-Benz mit 560 PS. Die 4-Punkt-Abstützung mit vier ausklappbaren Stützträgern erfolgt vollhydraulisch horizontal und vertikal auf eine Basis von 12x12 m mit einem Arbeitsbereich von 360 Grad.

Ein Teil des Ballastes sowie die Winde für die Wippe wird transportiert auf einem fünfachsigen Goldhofer-Tieflader. Zugmaschine ist ein MB 2650 (500 PS) 6x4 ...

... und als zweites Fahrzeug MB 2644 6x4 (440 PS), wiederum mit einem fünfachsigen Goldhofer-Tieflader.

Ein weiteres Begleitfahrzeug des AC 1600 ist dieser Iveco 80 E 15 Euro Cargo mit 150 PS mit einachsigem Sattelauflieger. Hinter der Kabine ist noch der Ladekran Marke Palfinger installiert. Dieser wurde mittlerweile entfernt und das Fahrzeug in den Hausfarben lackiert.

Demag AC 1600 und AC 650 beim Tandemhub einer Kanalbrücke. Beide Krane arbeiten mit Superliftausrüstung unter voller Ausnutzung ihrer Hubkraft.

Mobilkran Demag AC 1600, Ballastfahrzeug MB 2648 (480 PS) 6x4 und ein Mobilkran Demag AC 1200 auf dem Betriebsgelände der Franz Bracht KG

Den Hub dieser Eisenbahnbrücke schafft der Demag AC 1600 locker alleine.

Oben: Einer der vielen Einsatzorte des Demag AC 1600 waren die Zementwerke in Erwitte. Auf diesem Foto hebt der Kran ein 76 t schweres Drehofenelement ein.

Unten links: Wieder in den Zementwerken in Erwitte: Austausch eines Drehofenantriebsteiles mit 90 t.

Unten rechts: Im Kraftwerk Hamm-Uentrop entlädt der AC 1600 einen 82 t Glättezylinder für eine Papierfabrik in Arnsberg.

Demag AC 650 und Demag AC 700

Der leistungsstärkste Autokran aus dem Hause Demag ist bei der Franz Bracht KG gleich zweimal vertreten. Einmal in der 650-t-Version (AC 650) und einmal mit der aufgelasteten 700-t-Klasse (AC 700).

Der Kran mit Teleskopausleger, hinterer Abstützung und Unterflasche wiegt 108 t. Das Gesamtgewicht des etwa 20,66 m langen Fahrzeuges ruht auf neun Achsen, davon sind vier angetrieben und acht gelenkt.

Im Unterwagen ist sowohl der AC 650 als auch der AC 700 mit einem wassergekühlten 8-Zylinder-Dieselmotor von Daimler-Benz mit 571 PS und im Oberwagen mit einem 6-Zylinder-Dieselmotor von Daimler-Benz mit 279 PS motorisiert.

Die Oberwagenkabine ist eine großräumige Stahlkonstruktion, die im Fahrbetrieb hinter den Oberwagen geschwenkt wird.

67

Bei diesem Einsatz im Raum Unna wurde eine Windkraftanlage Marke D6 der Firma De-Wind errichtet. Der AC 650 – und auch der AC 700 – erfüllen alle technischen Voraussetzungen zur zügigen und sicheren Errichtung der riesigen Anlagen. Der Teleskopausleger lässt sich mittels einer Gitterkonstruktion aus Bauteilen der 90-m-Wippe auf eine Hakenhöhe von 145,5 m aufrüsten.

MB 2644 6x4 (440 PS) mit ESGE-Hochsattelauflieger als Transportfahrzeug für einen Teil der 160 t Ballast, mit Winde für den Wippausleger und einem Container für die Mannschaft (aus Beständen der Nationalen Volksarmee der ehemaligen DDR).

Ebenfalls zum Tross des AC 700 gehört dieser MB 3553 8x4 (530 PS) mit sechsachsigem ESGE-Hochsattelauflieger. Die Nutzlast beträgt 68 t.

Dieser AC 650 wurde zur Unterstützung der eigenen, voll ausgelasteten Flotte der Franz Bracht KG angemietet.

AC 650 voll einsatzfähig auf dem Betriebsgelände der Franz Bracht KG. Die vorderen Abstützungen und die Abspannvorrichtung (Superlift) sind montiert. Für den Straßenverkehr wäre das Fahrzeug in diesem Rüstzustand mit 125 t zu schwer.

AC 700 bei Hubarbeiten in Hamm-Uentrop. Der Spänetrockner wiegt 84 t.

Zum Tross des AC 700 gehört dieser Mannschaftsbus aus dem Hause VW.

AC 700 bei der Montage einer Windkraftanlage mit vorgefertigten Betonringen. Die Ringe wiegen zwischen 19 und 59 t und werden bis auf die Höhe von 97 m errichtet.

Zum Ende des Jahres 2003 waren laut statistischen Erhebungen etwa 45 400 Menschen in der deutschen Windkraftenergie-Industrie beschäftigt. Darin enthalten sind u.a. auch die Personaleinsätze der Franz Bracht KG beim Aufstellen dieser Anlagen. Auf diesem Foto errichtet der AC 700 eine Anlage der Enron-Wind. Das Flügelrad mit einem Durchmesser von 70,5 m wiegt 18 t. Um auf die Arbeitshöhe von knapp 85 m zu kommen, wurde am Teleskopausleger eine Wippspitze mit Abspannvorrichtung montiert.

Bei der Errichtung von Windkraftanlagen liegen die Einsatzorte oft nur einige hundert Meter auseinander. Der Kran teleskopiert den Ausleger ein und ein Teil der Wippspitze und des Ballastes wird demontiert, der andere Teil verbleibt auf dem Fahrzeug, welches so über kurze Entfernungen mit einem Gewicht von 150 t zur nächsten Baustelle unterwegs ist.

So spektakulär wie manche Hübe ist oft auch das Aufstellen eines Krans. In einer neuen Lackierhalle für den Airbus auf dem Gelände der Flugzeugwerft Deutsche Aerospace in Finkenwerder bei Hamburg erlaubte die Statik des Hallenbodens ein unmittelbares Aufstellen des Demag AC 700 nicht. Zur Abstützung stellte man den Kran auf eine Konstruktion aus mehreren Stahlträgern, die man direkt auf die tragenden Bodenfundamente platzierte.

Da eine direkte Montage des AC 700 – wie gesagt – in der Halle nicht möglich war, wurde der Kran auf einen Goldhofer-Auflieger verladen, indem er sich selbständig mit seiner Abstützung hob und auf dem Tieflader absetzte. Ein Actros-Titan 4153 8x4 (530 PS) rangierte den 118 t schweren Kran punktgenau an den vorgesehenen Standort in der Halle. Dort wurde der AC 700 mittels der Hydraulik des Aufliegers angehoben und die Stahlträgerkonstruktion wurde unter der ausgefahrenen Abstützung des Krans aufgebaut.

Gottwald AMK 206-73

Den Mobilkran Gottwald AMK 206-73 gab es zeitversetzt zweimal im Fuhrpark der Franz Bracht KG, auf diesen Fotos als Gebrauchtkran noch mit untypischer Lackierung in Rot.

Der zweite AMK 206-73 in Gelb. Das Transportgewicht von 84 t auf sieben Achsen (fünf gelenkt, drei angetrieben) bewegt im Unterwagen ein Mercedes Benz-Dieselmotor mit 530 PS.

Für Kraft und Bewegung des 45 m langen Teleskopauslegers sorgt im Oberwagen ein Mercedes Benz-Dieselmotor mit 253 PS. Aufrüstbar ist der Ausleger mit einer 52 m langen Wippe beziehungsweise Spitzenausleger. Ballastiert wird mit insgesamt 40 t mehrteiligen Gegengewichten.

Die Franz Bracht KG sorgt für den Werterhalt ihrer Krantechnik und auch die äußere Erscheinung sämtlicher Krane und Fahrzeuge durch hauseigene Wartungs- und Reparaturwerkstätten. Diese Fotos zeigen den AMK 206-73 der beiden vorausgegangenen Bilder nach Generalüberholung und Neulackierung.

Gottwald AMK 600-93

Einer der größten Teleskopkrane im Fuhrpark der Franz Bracht KG war der Mobilkran Gottwald AMK 600-93 für Traglasten bis zu 600 t. Zu dem 19,2 m langen und 96 t schweren Kran gehört ein separat zu transportierender 19 m langer (Transportzustand) und ca. 60 t schwerer Teleskopausleger. Das Gewicht des Krans lagert auf neun Achsen (vier angetrieben und sieben gelenkt).

79

Von vorne nach hinten: Liebherr LTM 1060, Krupp KMK 8400 und Gottwald AMK 600-93 bei der Montage einer 100 m langen und 100 t schweren Bandbrücke. Der AMK 600-93 – als leistungsstärkster des Trios – hat 530 PS im Unterwagenmotor und 253 PS im Oberwagenmotor (beides Dieselmotoren von Mercedes Benz).

Der Teleskopausleger – hier in Transportstellung –, bestehend aus drei unter Last ausfahrbaren Stufen, kommt auf eine Länge von 57,1 m. Aufgerüstet werden kann der AMK 600-93 mit einer Wippspitze von bis zu weiteren 70 m. Transportfahrzeug ist ein MB 2636 6x4 (380 PS) und ein sechsachsiger Auflieger von Goldhofer mit Hebe- und Verstelleinrichtung.

MB 2236 6x4 (360 PS) mit vierachsigem Semi-Tieflader von Goldhofer, beladen mit dem Rollenkopf der Wippspitze und der Hakenflasche des AMK 600-93.

Gruppenbild auf dem Betriebsgelände in Erwitte: Masttransporter MB 2638, Gottwald AMK 600-93 und AK 450-83.

Krupp 35 GMT-AT

Es gibt Tage, da sind die Kleinsten die Größten.

Krupp 5100 KMK

Der Krupp 5100 KMK ist ein fünfachsiger Teleskopkran der 100-t-Klasse mit 420 PS (Fahrzeuggewicht 60 t) im Unter- und mit 168 PS im Oberwagenmotor.

Krupp 350 GMT

Der 350-Tonner wiegt 96 t, verteilt auf acht Achsen (sechs gelenkt, vier angetrieben). Der Unterwagenmotor von Daimler-Benz hat zwölf Zylinder und 530 PS, der Oberwagenmotor hat sechs Zylinder und 270 PS. Im Fahrzustand ist der Krupp 350 GMT 19,66 m lang.

Krupp KMK 8400

Zum Duisburger Fuhrpark gehörte einst dieser Teleskopkran von Krupp mit acht Achsen und einer Traglast von 400 t. Zwei MB-Motoren mit sechs Zylindern und 280 PS bewegen das Gesamtgewicht von 96 t im Tandembetrieb auf der Straße. Einer der Motoren wird für den Kranbetrieb benötigt.

Der 49 m lange, unter Teillast teleskopierbare Ausleger besteht aus einem angelenkten Grundkörper und drei Teleskopteilen.

Der mehrteilige Ballast am Oberwagen wiegt bis zu 85 t.

Grove
GMK 6220-L

Grove-Teleskopkrane sind innerhalb des von Liebherr und Demag dominierten Fuhrparks der Franz Bracht KG selten anzutreffen. Der Grove GMK 6220-L (in den USA: 6250-L) ist ein sechsachsiger 220-Tonner mit einem 72 m langen Teleskopausleger und hydraulisch wippbarer Klappspitze. Ein wassergekühlter MB-Diesel mit acht Zylindern leistet 571 PS im Kranunterwagen, für die nötige Kraft im Oberwagen sorgt ein MB-Diesel mit vier Zylindern und 166 PS. Das Fahrzeug wiegt 72 t und ist 17,46 m lang.

GITTERMASTAUTOKRANE

Demag TC 400

In den Sechziger- und Siebzigerjahren rüstete die Zementindustrie in Süd- und Ostwestfalen ihre Kapazitäten auf. Bei der Runderneuerung der Gebäude, Vergrößerung der Lagerhaltung und Montage der neuen Drehöfen kam das junge Kranunternehmen Franz Bracht zum Zuge, zum Beispiel mit Demag TC 400.

Der Demag TC 400 (Baujahr 1970) war ein 100-t-Kran mit einem Eigengewicht von 49,5 t. Der Unterwagen kam aus dem Hause Faun. Er hatte einen 300 PS starken V12-Dieselmotor von Deutz. Im Oberwagen war ein luftgekühlter 6-Zylinder-Dieselmotor mit 150 PS, ebenfalls von Deutz.

87

Demag TC 500

Bis vor wenigen Jahren noch im Einsatz bei der Franz Bracht KG: Dieser Demag TC 500 mit Faun-Unterwagen (340 PS) – vor der Umlackierung – wurde hauptsächlich im Betonbau, aber auch für viele andere Aufgaben eingesetzt.

Demag TC 3600

Oben: Am 2. August 1992 war der schwärzeste Tag in der Firmengeschichte der Franz Bracht KG. Bei Hubarbeiten des Gittermast-Autokranes Demag TC 3600 in Kiel-Holtenau kam es durch einen technischen Defekt zu einem Unglück, das den Großkran fast völlig zerstörte.

Unten: Tage vorher bei den Abbrucharbeiten der Holtenauer-Hochbrücke ahnte noch niemand etwas von dem bevorstehenden Unglück.

Der Gittermast-Autokran wurde Anfang der Neunzigerjahre als Prototyp angeschafft. 90 Prozent des 530 PS starken Demag TC 3600 bestanden aus neuentwickelten Teilen. Die Quicklift-Funktion des TC 3600 ermöglichte eine noch sicherere und schnellere Montage.

Der Demag TC 3600 wurde nur einmal gebaut. Bis zu dem schweren Unfall im August 1992 setzte die Franz Bracht KG den Kran bei vielen spektakulären Hubarbeiten ein. Hubhöhen bis zu 106 m am Hauptausleger und bis zu weiteren 95 m mit dem wippbaren Hilfsausleger waren möglich.

Schiffsumschlag von Reaktorteilen: Der Hauptausleger hatte bei einer Höhe von 36 m und einer Ausladung von 18 m ein Gewicht von 230 t am Haken. Bei der hier zu sehenden Standardausrüstung konnten bis zu 300 t Gegengewichte aufgelegt werden.

Hub des Bohrkopfes einer Tunnelvortriebsmaschine im Ruhrgebiet.

Bei Einsätzen mit Superlift-Einrichtung konnte der Kran bis zu 500 t Ballast auflegen. Bei diesem Hub eines Koksbehälters war der Hauptmast 100 m lang; die Ausladung betrug 35 m. Das Gesamtgewicht der zu hebenden Last betrug 185 t, der aufgelegte Ballast wog 350 t.

Arbeiten an einer Bandbrücke über einem Kanal.

Transportfahrzeug Renault 380 6x4 mit Kässbohrer-Tieflader beladen mit Ballastteil und einem Mastschuss des Superliftes.

93

Abbrucharbeiten an der Fuldatal-Autobahnbrücke.

Gottwald AK 85-53

Der mobile Gittermastkran hat eine Tragfähigkeit von 80/90 t. Von den fünf Achsen sind drei gelenkt, drei werden angetrieben von dem 320 PS starken KHD-Dieselmotor im Kranunterwagen.

Die Abstützträger sind auf 6,5 m hydraulisch ausfahrbar. Die Rollenhöhe beträgt 94 m bei einer Ausrüstung mit Haupt- und Spitzenausleger.

Der Ballast ist mehrteilig und bis 21 t schwer. Er kann mit Kraneinrichtungen auf das Fahrgestell abgelegt und durch Hydraulikzylinder an den Oberwagen angehoben werden.

Gottwald AK 85-53 bei Abbrucharbeiten eines 70 m hohen Kamins in einem Zementwerk in Geseke.

Gottwald AK 210-73

Zum Fuhrpark der Franz Bracht KG zählen fünf Gittermast-Autokrane aus dem Hause Gottwald, darunter drei AK 210-73 (AK = Autokran, 210 = Tragfähigkeit 210 t, 7 = sieben Achsen, 3 = Fahrzeugbreite 3 m).

Der Gottwald AK 210-73 ist vielseitig nutzbar, vorteilhaft wird er auf Großbaustellen zur Montage von Fertigbetonteilen eingesetzt, wie hier beim Umbau des Fußballstadions in Dortmund.

Die Krantechnik ist klassisch: Dieses 18,2 m lange Fahrzeug des Baujahrs 1986 verfügt über einen Fahrgestellmotor von Mercedes Benz Typ OM 404, wassergekühlt mit zwölf Zylindern und 430 PS. Der Antrieb ist 14x6, fünf Achsen sind gelenkt. Die Abstützung ist ausklapp- und ausfahrbar auf eine Basis von 8,0 x 8,75 m, reduzierbar auf 6,3 m. Im Oberwagen des 210-t-Krans ist das mehrteilige Gegengewicht mit 61,5 t untergebracht. Hier befindet sich ein wassergekühlter 8-Zylinder-Dieselmotor von Mercedes-Benz mit 256 PS.

Der AK 210-73 kommt auf eine Rollenhöhe von 133 m im Rüstzustand mit Wippspitzenausleger. Nur mit Gittermasthauptausleger erreicht der Kran die maximale Höhe bei 93 m.

Diese Fotografie kann man eigentlich nur noch bei der Franz Bracht KG aufnehmen: In dieser Reihe stehen allein vier Gottwald-Krane auf einem Betriebsgelände (von links nach rechts): Zugmaschine MB 2644, zwei Gottwald AK 450, AK 210, Demag AC 615, Gottwald AK 210 bei einer Rast in Erwitte. Der dritte AK 210 ist nicht dabei; er befand sich beim Lackieren. Mittlerweile sind alle Gottwald AK 210 in den Hausfarben lackiert.

Gottwald AK 210 bei der Vorbereitung zur Errichtung einer Windkraftanlage.

Gottwald AK 270-98

Der AK 270-98 war einer der ersten Großgeräte von Gottwald bei Bracht. Die Tragkraft lag bei 250 t, dazu musste der Kran 90 t Gegengewichte auflegen. Die Abstützbasis von 10 x 10 m war hydraulisch ausfahrbar. Bei einer Hauptauslegerlänge von 62,5 m und einem Wippausleger von 68,5 m konnte der Gottwald AK 270-98 mit vollen 90 t Ballast auf einem Radius von 66 m noch 9,5 t heben.

Gottwald AK 270-98 in den Siebzigerjahren beim Einheben von Stahlteilen im Brückenbau…

…und von Gastanks in Benninghausen bei Lippstadt.

Der AK 270-98 war seinerzeit eine Attraktion und hatte bei seinen Einsätzen immer reichlich Publikum.

Gottwald AK 450-83

Die Franz Bracht KG hält in ihrem Fuhrpark zwei Mobilkrane Gottwald AK 450-83 mit einer Tragfähigkeit von 500 t.

Die acht Achsen sind gelenkt, die 2. und 3. sowie die 5. und 6. sind angetrieben.

Angetrieben werden die Fahrzeuge von einem 12-Zylinder-Daimler-Benz-Dieselmotor im Unterwagen, der Oberwagenmotor ist ein 6-Zylinder-Diesel von Daimler Benz.

Vorbereitungen für den Hub einer Brücke am Dortmunder Bahnhof.

Links: Der Fuhrpark der Franz Bracht KG ist u.a. optimal ausgestattet für die Errichtung von Windkraftanlagen. Die beiden Gottwald-Mobilkrane lassen sich bis auf eine Höhe von 170 m aufrüsten, davon fallen 77 m auf den Hauptmast und 93 m auf die Wippspitze. Dabei können die Krane noch eine Last von 10 t mit einer Turmneigung von über 100 m heben. Für solche Höchstleistungen ist ein AK 450-83 mit bis zu 187 t ballastiert.
Rechts: Platzmangel ist bei der Franz Bracht KG kein Hinderungsgrund, um die 60 t schweren Betonstützen in einer Brauerei in Warstein aufzustellen. Die Abstützbasis des Krans wurde um die Hälfte reduziert.

Zu den spektakulärsten und schwierigsten Aufträgen in der Firmengeschichte der Franz Bracht KG gehörte die Mitarbeit bei der Restaurierung der Schwebebahn in Wuppertal. Schwierig allein aus dem Grund, weil die Krane mitten in der Stadt auf Hinterhöfen, Neben- wie Hauptverkehrsstraßen (B 7) und Fußwegen aufgebaut wurden, wobei höchste Sicherheit für den laufenden Betrieb in der Stadt gewährleistet werden musste. Der Betrieb, wie beispielsweise der Straßenverkehr, durfte keine längeren Beeinträchtigungen erfahren. Deshalb wurden die Hauptarbeiten an der Schwebebahn auf die Wochenenden gelegt. Die Hübe erfolgten zum Teil über Gebäude hinweg. Und da war ja noch die Wupper, die einen direkten Zugang zum Arbeitsplatz behinderte.

Eine logistische Meisterleistung waren die Aufbauten der Krane, wobei selbst die breiteste Straße letztendlich zu schmal war. Ein Kran hat bis zu 15 Begleitfahrzeuge. Diese sollten natürlich alle so zeitnah wie möglich gemeinsam am Aufbauort ankommen. Da aber Park- oder Lagermöglichkeiten so gut wie gar nicht vorhanden waren, verblieben die Fahrzeuge in Warteschleifen oder legten Hunderte von Metern im Rückwärtsgang durch die Stadt in Richtung Einsatzort zurück.

Bei weiteren Einsätzen in den ortsnahen Zementwerken:
Montage einer Bandbrücke auf einem Klinkersilo…

…Arbeiten an einem Drehofen.

Demontage eines Förderturms einer Zeche in Kamen.

Bis weit in die Achtzigerjahre wurden der Ballast, die Mastschüsse und Abstützung sowie ein großer Teil des Zubehörs des AK 450-83 auf vierachsigen Kässbohrer-Tiefbettaufliegern transportiert.

Gezogen wurde das Ganze zum Beispiel von einem ballastierten MB 2632 6x6 (320 PS).

Weiterhin kam ein MB 2636 6x4 (360 PS), aufgesattelt mit dreiachsigem Goldhofer Hochsattelauflieger zum Einsatz.

Ein Teil der Wippe wurde verladen auf einen zweiachsigen Goldhofer Tiefbettauflieger, gezogen von MB 2636 6x4 (360 PS).

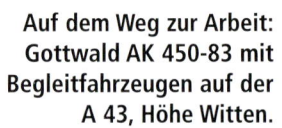

Auf dem Weg zur Arbeit: Gottwald AK 450-83 mit Begleitfahrzeugen auf der A 43, Höhe Witten.

Zum Tross der beiden Gittermastmobilkrane Gottwald AK 450-83 gehören jeweils ein Mannschaftsbus VW TDI und ein Mannschaftscontainer.

Anfang der Neunzigerjahre war die Franz Bracht KG größtenteils mit den Zugmaschinen Renault R 380 und R 385 ti (beide 380 PS) unterwegs. Durch die seinerzeit neue Fahrzeugtechnik wurde der Transport des Kranzubehörs rentabler. Außerdem boten die neuen Fahrzeuge mehr Komfort.

Anfangs nutzte man weiterhin die „alte" Aufliegertechnik: Renault R 380 6x4 mit fünfachsigem Goldhofer-Sattelauflieger. Die Abstützungen des AK 450-83 sind noch in Schwarz mit gelbem Schriftzug lackiert.

Renault R 380 6x4 mit Goldhofer-Hochsattelauflieger (dreiachsig), beladen mit Ballastteilen und einem Container.

Auch ballastiert war man unterwegs: R 385 ti 6x4 mit angehängtem Kässbohrer-Tiefbett (vierachsig), beladen mit der Mastspitze und Ballastteilen.

Mit dem neuen Jahrtausend kam bei der Franz Bracht KG die Wende: Von Renault-Fahrzeugen zurück zu Mercedes Benz. Nach und nach werden die R 380/385 ti, die zum Teil noch in sehr gutem Zustand sind, von den leistungsstärkeren MB ersetzt.

MB Actross V8 3354 6x4 (540 PS) mit fünfachsigem Goldhofer-Tieflader, beladen mit vier ineinander geschobenen Mastschüssen.

MB 3553 8x4 (530 PS) mit sechsachsigem Goldhofer-Tieflader, beladen mit Mastschüssen und Ballastteilen.

MB 2644 6x4 (440 PS) aus der Filiale in Herford als Transportunterstützung für Gottwald AK 450-83/450-83.

Jeder dieser vier Abstützträger wiegt 11 t.

Verladen werden die Abstützträger paarweise…

… zum Beispiel auf einen fünffachsigen ESGE-Tieflader, gezogen von MB 2644 6x6 (440 PS).

Beide Gottwald AK 450-83 beim Errichten von Windkraftanlagen.

Gottwald AK 850-1

Ein kurzes Gastspiel bei der Franz Bracht KG hatte dieser Gottwald AK 850-1.
Er kam aus dem Fuhrpark der Firma Toense.

Gottwald AK 912 GT

In den Jahren von 1987 bis 1989 mietete die Franz Bracht KG den Gittermast-Autokran Gottwald AK 912 GT (900 bis 1200 t) von dem Kranunternehmen Al Jaber (Vereinigte Arabische Emirate) für einige Großaufträge in Deutschland.

GITTERMASTRAUPENKRANE

Demag CC 600

Der Raupenkran Demag CC 600, verladen auf einem dreiachsigen Nooteboom-Tieflader und gezogen von Renault R 385 ti 6x4 (380 PS), auf dem Weg zur nächsten Baustelle. Der Kran kam seinerzeit als Gebrauchtgerät von der Firma Sarens aus Belgien.

Demag CC 1100

Im Jahr 1998 übernahm die Franz Bracht KG von Fa. Breuer fünf Mannesmann Demag-Raupenkrane vom Typ CC 600 mit 140 t, zwei CC 1100 SL mit 250 bzw. 350 t und zwei CC 2600 SL mit 500 bzw. 800 t Tragkraft. Damit wurde die Franz Bracht KG zum Anbieter einer der größten Gittermastkranflotten in Deutschland. Im Laufe der Zeit wurde der Fuhrpark ständig modernisiert, so dass natürlich einige dieser Krane wesentlich leistungsstärkerer Krantechnik Platz machen mussten, wie beispielsweise Terex Demag CC 2800/1, Liebherr LR 1350/1 und LR 1750.

Anlieferung des Oberwagens mit drei Winden, Auslegerfuß, A-Bock und Mittelstück (zusammen 47,3 t) von einem der beiden Raupenkrane Demag CC 1100. Der Kran ist noch in Breuer-Farben lackiert. Zugmaschine ist ein MB 3553 8x4 (530 PS) mit sechsachsigem Goldhofer Semi-Tieflader.

Der zweite CC 1100, bereits in Bracht-Gelb. Der Tieflader ist von Goldhofer (siehe oben), die Zugmaschine ist eine MB 2653 6x4 (530 PS).

Zum Transport der je 27 t schweren Raupenfahrwerke wird hier ein Renault R 380 Intercooler mit 380 PS eingesetzt.

Einen Teil der bis zu 20 Gittermaststücke verschiedener Längen und Gewichte (montierbar auf eine Kranhöhe von bis zu 120 m) sowie ein Teil der 80 t schweren Gegengewichte werden transportiert mit Renault R 380 und MB 2644 6x4 (440 PS) und Goldhofer-Aufliegern.

Terex-Demag CC 1500

Gleich, nachdem der für Amerika gebaute Terex-Demag CC 1500 in Serie ging, übernahm die Franz Bracht KG ihn in ihre Flotte. Sein erster Einsatz im Herbst 2003 erfolgte unmittelbar darauf anlässlich der Bauarbeiten einer riesigen Halle für das Logistikunternehmen UPS auf dem Gelände des Köln-Bonner Flughafens. Die Halle wurde erbaut aus rund 2000 Betonfertigteilen mit einem Gesamtgewicht von 30 000 t. Für den Einsatz wurde der Kran der 300-t-Klasse mit einem Hauptausleger von „nur" 36 m und einem 2-m-Runner ausgerüstet, da die Höhe des Krans unterhalb der Radarlinie des Flughafens bleiben musste.

Das Grundgerüst der Halle bildeten 240 Betonstützfeiler, von denen jeder 75 t wog. Für die einzelnen Hübe wurde der Kran bei 17 m Ausladung mit 120 t Gegengewicht und 20 t Zentralballast ausgestattet. Zum Aufrichten der Stützen wurde wegen der begrenzten Höhe des Hauptmastes eine Traverse konstruiert, um den fehlenden Platz zwischen Oberkante der Stütze und dem Rollenkopf zu kompensieren.

Auch beim Terex-Demag CC 1500 liegen die großen Vorteile gegenüber Autokranen in seiner unabhängigen Mobilität auch unter Last. So nimmt der Kran die Betonstütze am Entladepunkt auf und fährt damit bis zum Aufrichtepunkt, ohne dass er dabei an einen begrenzten Radius stößt.

Vom Einsatz zur Technik: Der Terex-Demag CC 1500 hat einen 353 PS starken Daimler-Chrysler-Dieselmotor im Oberwagen. Der Kran ist mit drei Winden ausgerüstet.

Das Grundgerät kommt auf ein Gesamtgewicht von 41 t. Es besteht aus dem Oberwagen (mit drei Winden, A-Bock, Selbstmontageausrüstung) und dem Mittelstück mit Abstützung.

Die Raupenfahrwerke mit den 1,20 m breiten Kettenlaufwerken wiegen je 22 t und sind 10 m lang.

Terex-Demag CC 1500 (links) und CC 2800 (rechts).

Terex-Demag CC 1500 mit Hauptausleger und Wippspitzenausleger.

Demag CC 2600

Im Einsatz: Demag CC 2600 beim Hub von Stahlteilen für eine Dachkonstruktion beim Bau der Arena Auf Schalke. Die Auslegerkombination ist „SWSL", das heißt schwerer Hauptmast (S), wippbarer Hilfsausleger (W) und Superlift (SL). Am Haken hängen gut 80 t Stahl.

Technische Daten:

Kranunterwagen: dreiteilig, bestehend aus Mittelstück (27,7 t) und zwei Raupen (je 1,53 m breit und 41 t schwer)
Kranoberwagen: wassergekühlter Dieselmotor Daimler Benz OM 442LA353 (480 PS), serienmäßig vier Winden, Ballast 149 t
Zusatzausrüstung: Superliftballast bis 225 t, zusätzliche Winde im Hauptmast, Einscherwinde und Schnellhubspitze

Für diesen Einsatz übernahm das zur Firmengruppe Bracht gehörende Unternehmen Hofmann aus Paderborn den Transport. Der Oberwagen mit den Winden und das Mittelstück wiegen zusammen 81,7 t. Die Zugmaschine ist ein MB 3553 8x4 (530 PS), der Auflieger ein Goldhofer-Semi-Tieflader mit sechs Achsen.

Terex-Demag
CC 2800-1

Windenergie kann zurzeit theoretisch sechs Prozent des deutschen Strombedarfs decken. Insgesamt stehen fast 15 400 Windmühlen mit 14 600 Megawatt Leistung in Deutschland, 21,8 Prozent mehr als Ende 2002. Im Jahre 2003 wurden 1700 Anlagen mit 2645 Megawatt neu installiert. Das Ausbauziel liegt in diesem Jahr bei 2500 Megawatt. Ende 2004 könnte der Anteil des Windstroms an der Gesamtversorgung bei uns mit sieben Prozent vertreten sein.

Einen Beitrag zu diesem Projekt leistet auch die Franz Bracht KG mit ihren Kranen. Im Jahr 2003 verstärkte sie im Hinblick auf die Entwicklung der Windkraftenergie ihre Kranflotte mit dem Raupenkran der 600-t-Klasse Terex-Demag CC 2800-1, ein Kran, der kraft- und größenmäßig an die Erfordernisse bei der Errichtung moderner Windkraftanlagen, zum Beispiel Enercon E66, angepasst ist und auch hauptsächlich dort eingesetzt wird. Die Bilder zeigen Terex-Demag CC 2800-1 bei der Endmontage einer Windkraftanlage Enercon E 66 mit 112 m Nabenhöhe.

Der CC 2800-1 hat einen 516 PS starken Dieselmotor von Daimler Chrysler sowie zwei Hub- und ein Einziehwerk im Oberwagen. Zur Entlastung der Mannschaft ist die Kabine nach hinten neigbar. Kameras unterstützen den Fahrer bei der Überwachung der Oberwagenwinden. Eine Rund-um-Sicherheitsverglasung sorgt für den Schutz, eine Klimaanlage und motorunabhängige Heizung für das Wohlbefinden der Mannschaft. An den Raupenfahrwerken sind 2 m breite Bodenplatten montiert. Diese sorgen für sicheren Stand, aber besonders auch für die Mobilität des Krans im vollen Rüstzustand.

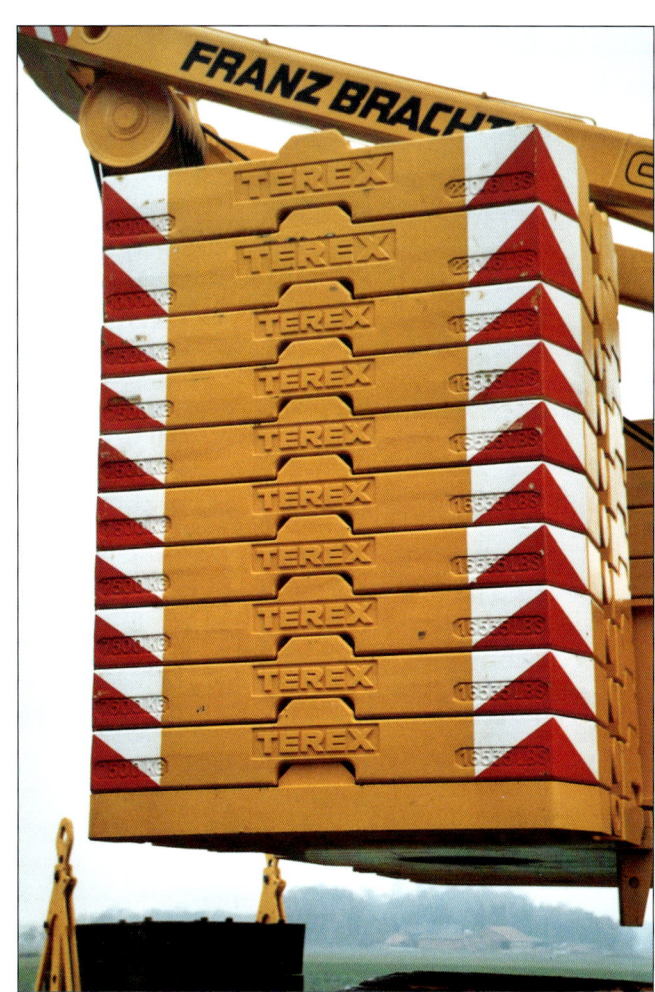

Der Ballast des Terex-Demag CC 2800-1 setzt sich zusammen aus 160 t am Oberwagen und 60 t Zentralballast.

Die beiden Winden im Oberwagen sind für den Haken und die Hauptmastverstellung. Zusätzlich findet eine dritte Hubwinde im Hauptmast Verwendung, zum Beispiel im Zwei-Haken-Betrieb mit Runner oder zum Verstellen des Wippauslegers. Eine vierte Winde wird für den Betrieb des Superliftes eingesetzt.

Die Höhe der Windkraftanlage erfordert naturgemäß auch einen entsprechend hohen Kranausleger. Zum Aufrichten des Gittermastes wird die Maxilift-Einrichtung mit einem weiteren Gegengewicht von 84,5 t eingesetzt.

Der auf einer Höhe von 112 m zu montierende Flügelstern der Windkraftanlage Enercon E 66 wiegt 35 t und hat einen Durchmesser von 70 m. Durch den Zwei-Haken-Betrieb ist beim Aufrichten des Rotors in die Vertikale kein zweiter Kran erforderlich.

Der Terex-Demag CC 2800-1 bei der Errichtung einer Windkraftanlage Enercon E 112. Die Nabenhöhe beträgt 120 m, der Flügelstern hat einen Durchmesser von 124 m und wiegt etwa 60 t.

Der Raupenkran entlädt einen der drei 58 m langen Flügel.

Das 81 t schwere Grundgerät wird transportiert von einem MB Actross 4160 8x4 (600 PS) und aufgesatteltem achtachsigen ESGE-Auflieger.

Liebherr LR 1350-1

Der LR 1350-1 wurde im Jahre 2003 bei Liebherr in Ehingen für die Franz Bracht KG gebaut. Er wird hauptsächlich beim Aufbau von Windkraftanlagen eingesetzt. Der Gittermast-Raupenkran der 350-t-Klasse verfügt über einen wassergekühlten 6-Zylinder-Turbo-Diesel mit 367 PS. Die beiden Raupenfahrwerke mit 1,5 m breiten Bodenplatten wiegen jeweils 27 t. Die Franz Bracht KG hat diese breiten Bodenplatten gewählt, um die Gewichtsverteilung des Krans im naturbelassenen Gelände zu optimieren. Der Zentralballast besteht aus zwei Platten a 4 t sowie vier Elementen a 7,5 t, der Oberwagen ist ballastiert mit der Grundplatte von 15 t und 22 Platten a 5 t.

Liebherr LR 1350-1 beim Heben eines Flügelsterns auf eine Höhe von 96 m. Der Stern wiegt 35 t und hat einen Durchmesser von 70 m.

Männer bei der Arbeit: So vielseitig ein Kran auch ist, ganz von selbst baut er sich nicht auf. Die Mannschaft lagert den Ballast, montiert den Mast, schert die Seile ein. Diese Mastschüsse (oben) sind 12 m lang und wiegen zwischen 1,3 und 3,5 t. Die kürzeren Mastteile sind 7 m lang und wiegen von 0,7 bis 2 t. Vor der Mastmontage wird der LR 1350-1 komplett ballastiert.

Dieses Foto vermittelt eine Vorstellung von den Zug- und Hebelkräften des Krans. Wenn er hinten nicht so gut ballastiert wäre, würde er jetzt schon vorne auf die „Nase" fallen.

MB Actross 3354 V8 6x4 (540 PS) mit einem fünfachsigen ESGE-Auflieger bringt Nachschub.

Nach getaner Arbeit: Liebherr LR 1350-1 auf dem Betriebsgelände der Franz Bracht KG in Erwitte.

Liebherr LR 1750

Der auf den folgenden Fotos gezeigte Raupenkran Liebherr LR 1750 ist eine gemeinsame Anschaffung der Firmen Franz Bracht KG und Sarens NV aus Wolvertem/Belgien. Im Fuhrpark der Franz Bracht KG ist der LR 1750 wohl der leistungsstärkste und flexibelste Kran. Er erreicht eine Hublast von 750 t bei einer Ausladung von 7 m. Dafür ist er dann ausgerüstet mit dem 35 m langen Hauptmast und einem 31,5 m langen Derrickausleger, ballastiert mit 715 t. Hubhöhen bis zu 196 m (mit Wippspitze) können mit einer Hublast von 14 t und 100 m Ausladung erreicht werden. Mit der entsprechenden Zusatzausrüstung (Mastnasen) kann der LR 1750 im Zwei-Haken-Betrieb arbeiten. Der Kran kann nur mit Raupenfahrwerken oder mit der Pedestal-Abstützung, aber auch mit beiden Ausrüstungen gleichzeitig betrieben werden. Im Betrieb mit Raupenfahrwerken ist er mit der Last verfahrbar und dabei bis zu 1,65 km/h schnell. Der Kran wird, in Einzelteile zerlegt, auf speziellen Transportfahrzeugen zu seinem Einsatzort verbracht. Sollten zum Beispiel für einen Einsatz 21 m Hauptausleger, 170 t Gegengewicht und 45 t Zentralballast gebraucht werden, wären dafür insgesamt 420 t an Krangerät zu transportieren.

Am 2. Weihnachtstag 2003 bot sich die Gelegenheit, auf dem Betriebsgelände der Zeche Prosper in Bottrop den LR 1750 in Aktion zu fotografieren. In einem Kohle-Rundsilo sollte ein nicht mehr zeitgemäßes Baggerwerk gegen ein leistungsstärkeres ausgetauscht werden. Die rund 30 m langen Baggerwerke wogen jeweils etwa 180 t und mussten durch einen extra dafür ausgebauten Teil des Daches vorsichtig heraus- beziehungsweise eingehoben werden. Raupenkrane können unter schwierigsten Verhältnissen eingesetzt werden, wobei von allergrößtem Vorteil ist, dass sie mit der Last den Standort wechseln können. In diesem Fall bewegte sich der Kran mit dem Baggerwerk am Haken gute 30 m zurück, um es nach einer Vierteldrehung nach rechts zur Verschrottung abzulegen. Eine Stunde später war das neue Baggerwerk angeschlagen und der Kran bewegte sich mit seiner 180-t-Last wieder zum Silo, um es dort zum Einbau abzusetzen.

Der Kran bewegt sich auf zwei Raupenfahrwerken mit je 1,5 m breiten Bodenplatten. Im Oberwagen befinden sich ein wassergekühlter 8-Zylinder-Turbodiesel Marke Liebherr mit 544 PS sowie drei von insgesamt sechs Winden, wovon Winde 2 das Hubwerk und Winde 4 das Einziehwerk ist. Die dritte Winde im Oberwagen ist zusätzlich für das Einscheren der Seile. Weitere zwei Winden befinden sich im Hauptmast und eine im Derrickausleger.

Unten: Der Zentralballast beträgt 95 t, aufstockbar um vier weitere Platten mit je 12,5 t. Der Drehbühnenballast hat 245 t, wiederum aufstockbar um weitere 75 t. Der Schwebeballast kann bis zu 400 t betragen.

Links: Für diesen Hub hatte der Hauptausleger eine Länge von 64 m. Die Ausladung betrug 36 m.

Rechts oben: Für einen Hub von 180 t sind armdicke Anschlagseile und Schäkel mit dem Gewicht eines Sackes Zement vonnöten.

Unten: Sicher angeschlagen bringt der Kran das neue Baggerwerk zum Silo.

So flexibel die Raupenkrane am Einsatzort auch sind, die Verbringung ist doch etwas „umständlich". Der Kran kommt komplett zerlegt am Einsatzort an und wird mithilfe eines Mobilkrans über Stunden aufgebaut. Nach dem Einsatz wird der Kran demontiert, auf die Fahrzeuge verladen und zum nächsten Standort verbracht.

Die 56 t schwere Drehbühne des LR 1750 auf einem achtachsigen ESGE-Auflieger, gezogen von MB Actros 4160 8x4 (600 PS).

Das 31 t schwere Raupenmittelteil verladen auf einem vierachsigen ESGE-Tieflader, gezogen von einem MB Actros 3354 6x4 (540 PS). Der Kran ist zur einfachen De-/Montage mit der sogenannten „Quick Connection" versehen, einer schnell lösbaren Verbindung zwischen Drehbühne und dem Raupenmittelteil.

Eines der mit 3x3x14 m großen und 12,4 t schweren Auslegerzwischenstücke.

In Kaiserslautern wurde im Hinblick auf den FIFA-Weltpokal 2006 das Fritz-Walter-Stadion umgebaut. Der Liebherr LR 1750 der Firmen Bracht und Sarens war dort im Jahr 2003 im Einsatz, um die Montage am Dach zu unterstützen. Ohne die Raupenfahrwerke wurde der Kran mittels der Pedestal-Abstützung (Basis 15,1x12,26 m) standsicher aufgebaut und ausgerüstet mit einem Hauptmast von 49 m und dem Wippausleger von 63 m Länge. Die Gegengewichte von bis zu 540 t – je nach Hubart – sicherten eine Ausladung von bis zu 75 m. Bei den insgesamt neun Hüben wog das schwerste Stahlbauteil 60 t.

Ein weiterer Beweis für die Vielseitigkeit der Raupenkrane ist dieser Einsatz in Hamburg-Finkenwerder im Februar 2004. Der Liebherr LR 1750 der Franz Bracht KG unterstützte die Aufbauarbeiten an einer neuen Lackierhalle für den Airbus A 380. Ausgerüstet mit einem 63 m langen Hauptausleger und 340 t Ballast bei einer Ausladung von 14 m, hob der Kran unter anderen einen 250 t schweren Torträger und fuhr damit etwa 20 m zum endgültigen Montageplatz.

Als Gemeinschaftseigentum der Firmen Franz Bracht KG und Sarens/Belgien ist der LR 1750 auf den folgenden Fotos für die Firma Sarens im Einsatz. Für den Auftrag im Düsseldorfer Rheinstadion wurde der Kran in Einzelteilen transportiert. Das Verladen des Krans auf dem Betriebsgelände der Franz Bracht KG in Erwitte übernehmen die Mobilkrane Demag AC 535 und Liebherr LTM 1100/2. Hier wird der 56 t schwere Oberwagen verladen.

Zum Transport des Oberwagens setzte Sarens einen MAN FE 500 A 8x4 (500 PS) sowie einen achtachsigen Auflieger Euro Combi von Scheuerle-Nooteboom ein.

Die je 44 t schweren Raupenfahrwerke werden verladen auf zwei MB 2643 6x4 (430 PS) mit vierachsigem Hochsattelauflieger.

Am Düsseldorfer Rheinstadion wurde der LR 1750 wieder aufgebaut, um mit einem zweiten LR 1750 der Firma Mammoet/NL ein 540 t schweres Bauteil der Dachkonstruktion zu montieren.

Knapp 200 Kilometer vom schwedischen Göteborg entfernt hat zum Zeitpunkt des Entstehens dieses Buches im August 2004 der Liebherr LR 1750 seinen Arbeitsplatz: Schweden und Norwegen sollen zukünftig durch eine Brücke über den Svinesund verbunden werden. Für die sichere Montage der vorgefertigten Fahrbahnbetonteile sorgt der LR 1750 der Firmengruppe Franz Bracht/Sarens. Der Bogen der Svinesundbrücke ist mit einem konstanten Radius von 1150 m mit einer Scheitelhöhe von 91,5 m konstruiert und exakt 247,3 m weit gespannt.

MB Actross V8 3354 6x4 (540 PS) mit ESGE-Auflieger beim Transport von Mastschüssen.

MB Actross V8 3354 6x4 (540 PS) mit dreiachsigem ESGE-Auflieger, beladen mit der Ballastbühne des Superliftes des Liebherr LR 1750 (siehe auch nächste Seite).

MB Actross V8 3354 6x4 (540 PS) mit dreiachsigem ESGE-Auflieger

Sennebogen 5500

Zum Abschluss des Kapitels „Gittermast-Raupenkrane" ein Außenseiter im Fuhrpark der Franz Bracht KG: Der Sennebogen 5500 (Baujahr 2002) ist ein Gittermast-Raupenkran der 180-t-Klasse. Durch verschiedene Auslegerkonfigurationen ist er vielseitig einsetzbar bis zu einer maximalen Rollenhöhe von 105 m.

Für die nötige Kraft sorgt im Sennebogen 5500 ein 355 PS starker Dieselmotor Marke Deutz. Die beiden Raupenfahrwerke wiegen je 19 t bei einer Breite von 1,2 m und einer Länge von 8,5 m. Bei voller Ausrüstung wiegt der Kran 178 t.

Der mehrteilige Ballast am Oberwagen wiegt 60 t, im Unterwagen können nochmal 20 t als Zentralballast untergebracht werden. Der Kran verfügt über ein Selbstmontagesystem und ist beim Aufbau nicht von einem Hilfskran abhängig.

Gittermast-Raupenkran Sennebogen 5500 bei der Montage eines Bandantriebes im Braunkohletagebau Garzweiler II.

Behutsam und professionell hebt Kranfahrer Hermann Stolze das 51 t schwere Stahlteil an seinen Platz.

Die Grundmaschine des Sennebogen 5500 auf dem sechsachsigen Goldhofer-Auflieger. Die Zugmaschine ist ein MB 3553 8x4 (530 PS).

HUBGERÜST

Hydraulisches Hubgerüst

Überall da, wo aufgrund von geringen Gebäudehöhen oder anderen Unzugänglichkeiten der Einsatz von mobilen Kranen unmöglich ist, setzt die Franz Bracht KG ein Hubgerüst ein. Die Tragfähigkeit dieser Hebeeinrichtung beträgt bis zu 364 t. Die Gesamthöhe liegt bei 11,43 m, wovon das Basisteil 3,05 m hoch ist. Das Gerüst kann mittels Unterbauung auf variable Höhen aufgestockt werden.

Häufigen Einsatz findet die Hebeeinrichtung in der Industriemontage. Ein vierachsiger Goldhofer-Auflieger sowie die ballastierte Zugmaschine Renault R 380 6x4 (380 PS) übernehmen den Transport.

In früheren Zeiten wurde das Hubgerüst von MB 2638 mit einem zweiachsigen, zwillingsbereiften Hochsattelauflieger transportiert.

TRANSPORTFAHRZEUGE

Jeder Einsatz eines Kranes, ob Teleskop- oder Gittermastkran, ist eine logistische Herausforderung. Dazu besitzt die Franz Bracht KG eine breite Palette von Zugmaschinen mit den entsprechenden Aufliegern. Einige der Transportfahrzeuge sind den Kranen fest zugeordnet, andere sind vielseitig einsetzbar. In diesem Kapitel werden Fahrzeuge gezeigt, die in den anderen Kapiteln etwas zu kurz gekommen sind oder gar nicht erwähnt wurden.

Renault

Renault G 340 ti 4x2 (340 PS) mit zweiachsigem Auflieger beim Transport von Teilen der Wippspitze des Demag AC 500.

Renault G 340 ti 4x2 (340 PS) mit kurzer Nahverkehrskabine. Hinter der Kabine ist ein Ladekran montiert.

Renault R 380 6x4 (380 PS) beim Transport von Ballast, Mastschüssen und ansonsten von allem, was Kran und Mannschaft benötigen.

Mercedes Benz

MB 3243 8x4 (430 PS) mit überfahrbarem Tridem-Anhänger von ESGE. Hinter der Ladepritsche ist der Ladekran Palfinger PK 54000 montiert, der ein selbständiges Be- und Entladen ermöglicht. Die maximale Hublast des Krans beträgt bei 4,4 m Ausladung 9,36 t, bei 20,4 m Ausladung beträgt die Hublast noch 1,38 t. Das Fahrzeug wird hauptsächlich zum Transport von Mannschafts- und Wohncontainern eingesetzt.

MB 2635 6x6 (350 PS) im Sattelbetrieb mit einem dreiachsigen Goldhofer-Auflieger.

Dieser MB 1617 4x2 (170 PS) mit Ladekran der Herforder Niederlassung wurde eingesetzt zum Verlegen von Beton-Fertigteilen.

MB 1722 4x2 (220 PS, Nutzlast 7,1 t) mit Atlas-Ladekran. Die Tragkraft des Krans liegt bei 920 kg bei 5,75 m Ausladung.

MB 1120 4x2 (200 PS), Nutzlast 8 t.

MB LP 813 4x2 (180 PS), Nutzlast 10 t.

Magirus-Deutz / Iveco

Abschlepp- und Bergefahrzeug Magirus-Deutz Jupiter 178 D 15 A 6x6 mit luftgekühltem KHD-Vielstoffmotor (178 PS, Baujahr 1974) aus vergangenen Tagen. Der Aufbau ist ein Wilhag Teleskopkran TW 931 mit Rotzler-Vorbauseilwinde. Die Winde hat 60 m Seil und eine maximale Zugkraft von 8 t.

Magirus-Deutz 256 D 26 6x6 mit 250 PS. Der Hauber wurde sowohl im Sattelbetrieb als auch ballastiert eingesetzt.

Frontlenker Iveco-Magirus 260-30 AHW 6x6 mit 260 PS. Der vierachsige Auflieger ist von Nooteboom.

Hanomag Henschel

Zweiachsige Zugmaschine Hanomag Henschel F 161 mit dreiachsigem Auflieger, beladen mit Teilen einer Wippspitze.

Dieser ballastierte Hanomag Henschel F 263 6x4 zieht einen vierachsigen Tieflader-Anhänger von Kässbohrer.

MAN

Dieser MAN 415 L1 4x4 mit 115 PS war als Werkstattfahrzeug im früheren Fuhrpark der Franz Bracht KG.

MAN 16.320 (320 PS) mit Ladekran in den Achtzigerjahren.

MAN 26.320 DFS 6x4 mit 320 PS als Zugmaschine vor einem vierachsigen Goldhofer-Auflieger, beladen mit einem Mastschuss für den Quicklifter Demag TC 3600.

Gabelstapler

Zum Verleih der Franz Bracht KG gehören Gabelstapler von 3 bis 12 t Tragfähigkeit.

Service und Wartung

Für die Wartung auf Baustellen sind mehrere VW T 4 unterwegs. Sie sind mit allem zur Wartung und Reparatur der Krane und Fahrzeuge nötigem Gerät ausgerüstet.

Weitere Bücher unseres Verlages

Fordern Sie kostenlos und völlig unverbindlich unseren neuesten Prospekt an mit Büchern über:

- Traktoren
- Baumaschinen
- Lastwagen
- Omnibusse
- Feuerwehren
- Lokomotiven
- Autos
- Motorräder

Podszun-Verlag GmbH
Postfach 1525, D-59918 Brilon
Telefon 02961 / 53213
Fax 02961 / 9639900
verlag.podszun@t-online.de
www.podszun-verlag.de

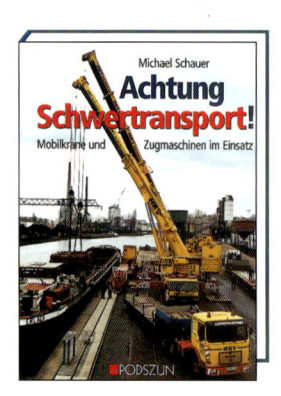

144 Seiten, fester Einband
ISBN 3-86133-314-7
EUR 19,90

160 Seiten, fester Einband
ISBN 3-86133-358-9
EUR 24,90

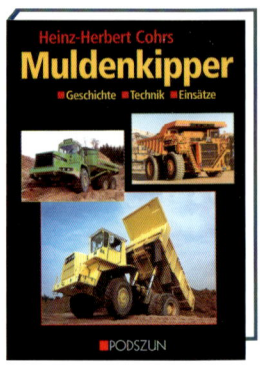

188 Seiten, fester Einband
ISBN 3-86133-327-9
EUR 34,90

208 Seiten, fester Einband
ISBN 3-86133-357-0
EUR 34,90

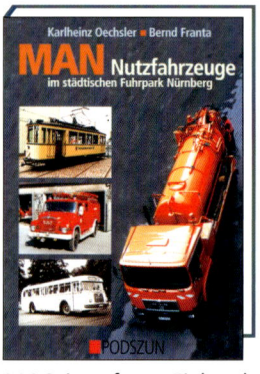

144 Seiten, fester Einband
ISBN 3-86133-359-7
EUR 29,90

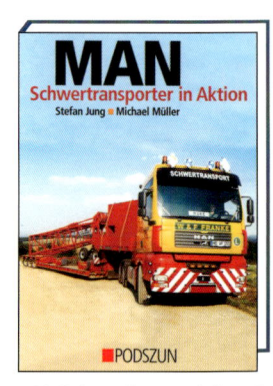

160 Seiten, fester Einband
ISBN 3-86133-353-8
EUR 24,90

144 Seiten, fester Einband
ISBN 3-86133-285-X
EUR 24,90

144 Seiten, fester Einband
ISBN 3-86133-263-9
EUR 19,90

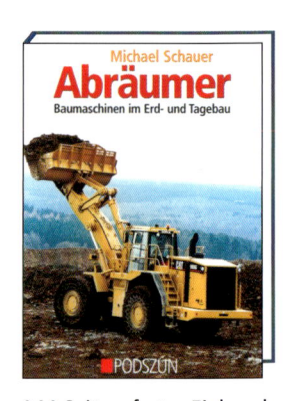

144 Seiten, fester Einband
ISBN 3-86133-351-1
EUR 19,90

Die Jahrbücher erscheinen jeweils im Oktober neu ▶

144 Seiten, Leinenbroschur
ISBN 3-86133-365-1
EUR 14,90

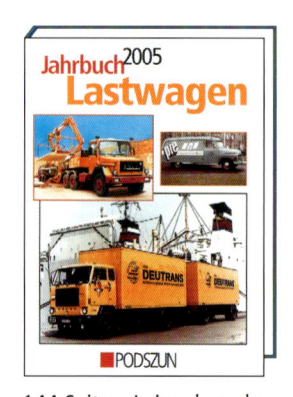

144 Seiten, Leinenbroschur
ISBN 3-86133-364-3
EUR 14,90

144 Seiten, Leinenbroschur
ISBN 3-86133-369-4
EUR 14,90